RECUEIL

DE

PROCÉDÉS CHIMIQUES

POUR

FABRIQUER LES LIQUEURS ET VINS EN GÉNÉRAL,

Et autres Recettes très-utiles.

TOUTES LES RECETTES SONT ÉPROUVÉES ET GARANTIES PAR L'AUTEUR,

M. le Comte de G. LAZOSKI,

Professeur de Chimie,

ET MEMBRE DE L'ACADÉMIE ROYALE DES SCIENCES.

PRIX : 3 FRANCS.

POITIERS,

IMPRIMERIE DE F.-A. SAURIN, RUE DE LA MAIRIE, N° 10.

1838.

OUVRAGE DE CHIMIE

CONTENANT

130 RECETTES POUR LA FABRICATION DE LIQUEURS, VINS, GLACES, SIROPS DE PUNCH, D'ORGEAT ET AUTRES, LIMONADE GAZEUSE, EAU MINÉRALE, EAU DE FLEURS D'ORANGER, ET TOUT CE QUI CONCERNE UN ÉTABLISSEMENT DE CAFÉ ET LA CONSOMMATION BOURGEOISE.

Par M. le comte de G. LAZOSKI,

Professeur de chimie et membre de l'Académie royale des sciences.

----◆◆----

D'après un brevet d'invention qu'il a obtenu, il a monté une Manufacture de Parfums à la vapeur, pour la fabrication des liqueurs; toutes les qualités en général ont le même degré de force; un flacon d'une once suffit pour fabriquer 10 litres de liqueur, garantie tout ce qu'il y a de superfin.

Prix d'un Flacon dont voici les qualités : 3 fr.

Huile de Noyau.
Huile de Vanille.
Marasquin de Zara.
Curaçao de Hollande.
Alkermès de Florence.
Eau-de-vie de Dantzick.
Eau-d'Or de Turin.
Citronnelle de Sicile.
Huile de Rose.
Huile de Rhum.
Crème de Girofle.
Huile de la Martinique.
Eau-d'Argent.
Parfait-Amour.
Crème d'Orange.
Elixir de Garus.
Eau-Verte stomachique.
Scubac d'Irlande.
Anisette de Bordeaux.
Crème de Cédrat.

Crème de Jasmin.
Persicot.
Crème d'Ananas.
Crème de Menthe.
Baume Humain.
Cannelle de Ceylan.
Crème de Rose du Sérail.
Crème à la fleur d'Oranger.
Huile de Thé.
Crème de Moka.
Crème de Violette.
Anisette de la Martinique.
Eau de la Côte-St-André.
Vespétro.
Crème d'Absinthe.
Crème de Céleri.
Liqueur Angélique.
Extrait d'Absinthe Suisse.
Eau-de-vie de Cognac.
Eau de Chasseur.

<table>
<tr><td>Kirschwasser.</td><td>Huile de Vénus.</td></tr>
<tr><td>Eau de belle Femme.</td><td>Crème Impériale.</td></tr>
<tr><td>Coquette Flatteuse.</td><td>Pastilles Napolitaines.</td></tr>
<tr><td>Huile d'Ether.</td><td>Lait de Vieille.</td></tr>
<tr><td>Huile Cordiale.</td><td>Huile de Jupiter.</td></tr>
<tr><td>Rosolio de Breslau.</td><td>Genièvre de Hollande.</td></tr>
<tr><td>Verdolino de Turin.</td><td>Délice des Dames.</td></tr>
</table>

IL Y A QUATRE RÈGLES GÉNÉRALES DANS L'OUVRAGE.

Première règle générale pour fabriquer des Liqueurs, garanties tout ce qu'il y a de superfin, à 1 fr. 50 c. le litre.

Deuxième règle générale pour fabriquer des Liqueurs fines, à 1 fr. 20 c. le litre.

Troisième règle générale pour fabriquer des Liqueurs demi-fines, à 80 c. le litre.

Quatrième règle générale pour fabriquer des Liqueurs communes, à 60 c. le litre.

Extrait d'Absinthe suisse à 27 degrés, garantie à toute épreuve, égale à la première qualité suisse, 90 cent. le litre.

M. de G. Lazoski garantit que toutes les liqueurs fabriquées d'après son procédé sont de qualité supérieure aux liqueurs de la Côte-Saint-André, de Lyon, de Paris, de Bordeaux, etc. On peut voir et goûter des échantillons, et faire toute confrontation que l'on peut désirer, tous les jours de dix à quatre heures ; il est logé

Pour les personnes qui désireront apprendre à fabriquer les extraits en général, prix 200 fr.

Kirschwasser à 20 degrés, en très-bonne qualité, 70 cent. le litre ; limonade parfaite qui mousse à la minute comme le vin de Champagne, 15 centimes la bouteille.

RECETTES PARTICULIÈRES.

Une recette pour fabriquer en deux heures un tonneau de Bière brune ou blanche ; cette bière a la qualité et la propriété des meilleures Bières anglaises ; elle mousse parfaitement et peut se conserver un an et plus ,

                          prix : 25 fr.

Une recette pour fabriquer du vin de Bordeaux. . . . . Prix : 50 fr.

Une recette pour fabriquer l'eau-de-vie de Cognac. . . . . Prix : 50 fr.

Une recette pour fabriquer l'essence de Médoc, donner le parfum et imiter tous les vins fins , avec des vins ordinaires. . Prix : 50 fr.

Une recette pour vieillir les vins , les dépouiller de leur tartre , les empêcher de déposer dans les bouteilles , et donner le goût à un vin d'un an comme celui de cinq à six ans. Différentes autres recettes particulières. . . . . Prix : 100 fr.

RÈGLE GÉNÉRALE

POUR FABRIQUER LES LIQUEURS SUPERFINES ,

Pour 10 litres.

Prenez dix livres de sucre, mettez-le dans une ter-rine de terre ; versez par-dessus trois litres et demi d'eau , faites fondre le sucre ; après qu'il est bien fondu, mettez dans un autre vase trois litres et demi d'esprit de vin à 33 degrés , versez dans cet esprit un flacon contenant le parfum pour 10 litres selon la qualité que vous voulez faire , mélangez bien après. Versez dans cet esprit les dix livres de sucre qui sont bien fondues dans les trois litres et demi d'eau , mélangez bien le tout et filtrez.

MANIÈRE DE FILTRER.

Prenez une cuvette ou saladier , mettez dedans un litre d'eau ; prenez une feuille de papier Joseph ou pa-pier à filtrer , mettez-le dans l'eau , et faites-le fondre ; qu'il soit parfaitement délayé comme si c'était de la farine dans l'eau ; après versez-le dans une serviette

(4)

pour en extraire l'eau, vous le serrez bien, après vous jetez cette eau, et vous mettez ce papier, devenu comme un morceau de pâte; dans le même vase vous mettez deux ou trois verres de liqueur, et, avec la main, vous faites fondre ce papier dans la liqueur. Quand il commence à être bien délayé, vous ajoutez trois ou quatre verres de liqueur; et après qu'il est parfaitement bien fondu, vous mélangez le tout avec la totalité de la liqueur. L'on met sur le dos de deux chaises deux bâtons; on les arrête aux quatre pommeaux des chaises avec de la ficelle; après on attache un filtre de molleton-coton à ces bâtons et l'on verse la liqueur dedans. La première qui passe on la remet par-dessus deux ou trois fois. Lorsque l'on voit qu'elle est bien limpide, on la reçoit et on la met en bouteilles.

RÈGLE GÉNÉRALE

POUR FABRIQUER DES LIQUEURS FINES.

Prenez huit livres de sucre, quatre litres et demi d'eau : après que le sucre est bien fondu, on ajoute quatre litres d'esprit de vin et un flacon de parfum, selon la qualité que l'on désire faire.

RÈGLE GÉNÉRALE

POUR FABRIQUER DES LIQUEURS DEMI-FINES.

Prenez sept livres de sucre, huit litres d'eau; après que le sucre est bien fondu, ajoutez cinq litres d'esprit et un flacon d'extrait.

RÈGLE GÉNÉRALE

POUR FABRIQUER DES LIQUEURS COMMUNES.

Prenez cinq livres de sucre, treize litres d'eau; après que le sucre est fondu, ajoutez cinq litres d'esprit et un flacon d'extrait.

1. *Huile de Noyau.*

Ajoutez à la règle générale un flacon d'extrait de Noyau.

2. *Huile de Vanille.*

Ajoutez à la règle générale un flacon d'extrait de Vanille et la couleur rose.

5. *Marasquin de Zara.*

Ajoutez à la règle générale un flacon d'extrait de Marasquin et une bouteille de véritable Kirschwasser, et vous mettez un demi-litre d'eau et un demi-litre d'esprit de moins qu'il n'est parlé dans la règle générale.

4. *Curaçao de Hollande.*

Prenez une bassine dans laquelle vous mettrez le sucre et l'eau de la règle générale ; ajoutez le jus et la râpure de douze oranges ; faites-les bouillir pendant vingt minutes, après versez le tout dans un vase de terre, laissez-le refroidir, puis mélangez un flacon d'extrait de Curaçao avec trois litres et demi d'esprit; après mélangez le tout ensemble, ajoutez la couleur avec du sucre brûlé et de la cochenille.

5. *Alkermès de Florence.*

Ajoutez à la règle générale un flacon d'extrait d'Alkermès et la couleur rose.

6. *Eau-de-vie de Dantzick.*

Ajoutez à la règle générale un flacon d'extrait de Dantzick ; après que la liqueur est filtrée, l'on met dans un grand verre dix feuilles d'or, puis on remplit le verre de liqueur, on le bat bien, et après que l'or est bien mélangé, on mélange le tout avec la totalité et on met la liqueur en bouteilles.

7. *Eau d'or de Turin.*

Ajoutez à la règle générale un flacon d'extrait d'or, et on y ajoute la couleur jaune; on met la même qualité d'or que dans la précédente.

8. *Citronnelle de Sicile.*

Ajoutez à la règle générale un flacon d'extrait de Citronnelle, puis la couleur jaune.

9. *Huile de Rose.*

Un flacon d'extrait de Rose et on y ajoute la couleur rose.

10. *Huile de Rhum.*

Un flacon d'extrait de Rhum et deux litres de Rhum; puis on met un litre d'esprit et un litre d'eau, moins qu'il n'est parlé dans la règle générale.

11. *Crème de Gérofle.*

Un flacon d'extrait de gérofle et la couleur rose.

12. *Huile de la Martinique.*

Un flacon d'extrait de la Martinique et la couleur rose.

13. *Eau d'Argent.*

Un flacon d'extrait d'Argent, et l'on y ajoute dix feuilles d'Argent après la filtration, comme pour l'Eau d'Or.

14. *Parfait-Amour.*

Un flacon d'extrait de Parfait-Amour et la couleur rose.

15. *Crème d'Oranges de Portugal.*

Un flacon d'extrait d'orange et la couleur jaune.

16. *Elixir de Garus.*

Un flacon d'extrait de Garus et la couleur jaune.

17. *Eau-Verte stomachique.*

Un flacon d'extrait d'Eau-Verte et la couleur verte.

18. *Scubac d'Irlande.*

Un flacon d'extrait de Scubac et la couleur jaune très-chargée.

19 à 37. Anisette de Bordeaux, Crème de Cédrat, Crème de Jasmin, Persicot, Crème d'Ananas, Crème de Menthe, Baume Humain, Cannelle de Ceylan, Crème de Roses du Sérail, Crème à la fleur d'Oranger, Huile de Thé, Crème de Violette, Crème de Moka, Anisette de la Martinique, Eau de la Côte-Saint-André, Vespétro, Crème d'Absinthe, Crème de Céleri, Liqueur Angélique.

Toutes les qualités ci-dessus indiquées sont blanches, il suffit de réunir un flacon d'extrait portant son nom à la règle générale.

38. *Eau de chasseur.*

Un flacon d'extrait d'eau de chasseur, et ajoutez la couleur verte.

39. *Eau de belle-femme.*

Un flacon d'extrait d'eau de belle-femme, ajoutez la couleur rose.

40. *Coquette-flatteuse.*

Un flacon d'extrait de coquette-flatteuse.

41. *Huile d'éther.*

Un flacon d'extrait d'huile d'éther.

42. *Huile cordiale.*

Un flacon d'extrait d'huile cordiale.

43. *Rosolio de Breslau.*

Un flacon d'extrait de rosolio de Breslau.

44. *Verdolino de Turin.*

Un flacon d'extrait de verdolino et ajoutez la couleur verte.

45. *Huile de Vénus.*

Un flacon d'extrait d'huile de Vénus, ajoutez la couleur jaune.

46. *Huile de Jupiter.*

Un flacon d'extrait d'huile de Jupiter, ajoutez la couleur aurore avec de la cochenille et du safran.

47. *Crème impériale.*

Un flacon d'extrait d'impériale et ajoutez à la composition une bouteille de vin de Champagne.

48. *Crème de pastille napolitaine, dite diaboloni.*

Un flacon d'extrait de diaboloni, ajoutez la couleur aurore ou du safran et de la cochenille.

49. *Lait de vieille.*

Un flacon d'extrait de lait de vieille.

5o. *Ratafia de Grenoble.*

Prenez 5o livres de cerises noires pilées ; on les laisse fermenter 3 jours, après on y ajoute 15 litres d'eau-de-vie, 2 onces de cannelle, 1 once de noix muscade ; on laisse infuser le tout 8 jours, après on le tire au clair et on y ajoute 10 livres de sirop.

51. *Ratafia de Coings.*

Prenez 4 livres de coings, infusez 8 jours dans l'esprit.

52. *Ratafia de Fraises.*

Le jus de 3 livres de fraises.

53. *Ratafia de Framboises.*

Le jus de 3 livres de framboises.

RÈGLE GÉNÉRALE

POUR FABRIQUER LES LIQUEURS PAR DISTILLATION.

L'on mettra premièrement 5 livres d'eau dans l'alambic et 1 livre d'esprit avec les aromates que l'on trouve dans les recettes suivantes ; l'on distille jusqu'à ce qu'on ait reçu la livre d'esprit, alors la distillation est finie.

Pendant que cette distillation s'opère, l'on mettra dans une terrine de terre 10 livres de sucre et 5 livres et demie d'eau ; quand le sucre est bien fondu, on ajoute 4 livres d'esprit et la livre provenant de la distillation ; après on filtre.

54. *Anisette de la Martinique.*

Prenez 8 onces d'anis vert, 2 onces d'anis étoilé, 4 gros de cannelle de Ceylan.

55. *Crème de Moka.*

Prenez 8 onces de café grillé, on le met entier dans l'alambic.

56. *Elixir de Garus.*

Prenez 2 gros de myrrhe, 2 gros d'aloès succotrin, 2 gros de noix muscade. 2 gros clous de girofle, 1 once cannelle de Ceylan : on colore jaune.

57. *Mirabolenti.*

Prenez 4 onces de mirabolenti, 2 onces de cardamomum.

58. *Curaçao distillé.*

Prenez 1 livre d'écorce de curaçao, 1 once de cannelle de Ceylan, infusez trois jours dans l'esprit ; après on le distille. Le sirop se prépare comme le curaçao précédent.

59. *Verdolino de Turin.*

Prenez 4 gros de myrrhe, 1 once de cannelle de Ceylan, 2 onces de cardamomum, couleur verte.

60. *Eau divine.*

Prenez 1 once de cannelle de Ceylan, 4 onces de cacao, 1 gros de myrrhe.

61. *Eau romaine.*

Prenez 4 gros de noix muscade, 1 once cannelle de Ceylan, 1 once calamus aromaticus.

62. *Huile de Vénus.*

Prenez 1 once de semence de cardamomum, 8 onces d'amandes amères pilées, 1 once de cannelle de Ceylan, 2 gros de macis. On fait bouillir le sucre et l'eau pendant cinq minutes avec le jus de 10 oranges.

63. *Lait de Vieille.*

Prenez 4 onces de cacao grillé, 1 once de cannelle de Ceylan, 1 once de semence de céleri.

64. *Eau du Paradis.*

Prenez 4 onces de cacao grillé, 1 once de cannelle, le zeste de 6 citrons.

65. *Anisette de Bordeaux.*

Prenez 8 onces d'anis vert, 4 gros de cannelle de Ceylan, 2 onces de coriandre, le zeste de 3 citrons.

66. *Eau-de-vie de Dantzick.*

Prenez le zeste de 5 citrons, 4 onces de cacao grillé, 1 once cannelle de Ceylan, 4 gros de macis.

Après que cette liqueur est filtrée, l'on y ajoute une feuille d'or pour chaque bouteille.

67. *Eau de la Côte-Saint-André.*

Prenez 1 livre d'amandes amères, 1 once de cannelle de Ceylan, le zeste de 10 oranges.

On fait bouillir le sucre et l'eau avec le jus de 10 oranges.

68. *Eau de Malte.*

Prenez 1 once de cannelle, 1 gros de castorium, 2 gros de macis.

69. *Vespétro.*

Prenez 2 onces graines d'angélique, 1 once de cannelle, 2 gros de macis, le zeste de 10 citrons.

70. *Scubac d'Irlande.*

Prenez 3 onces fenouil de Florence, 2 onces cannelle de Ceylan, 2 gros de noix muscade : on colore jaune très-foncé.

71. *Macaroni.*

Prenez 1 livre d'amandes amères, 1 once cannelle de Ceylan, 4 gros de noix muscade.

72. *Eau cordiale.*

Prenez 2 gros de myrrhe, 1 once cannelle de Ceylan, 2 onces de cardamomum.

73. *Crème d'absinthe.*

Prenez 6 onces d'herbe d'absinthe, 2 onces d'anis.

74. *Crème d'angélique.*

Prenez 2 onces racine d'angélique.

75. *Crème impériale.*

Prenez 1 once de semence de carotte, 1 once cannelle de Ceylan, 2 onces de semence d'angélique, 2 onces d'iris en poudre.

76. *Crème royale.*

Prenez 1 once clous de girofle , 1 gros de myrrhe , 1 once de cannelle , 2 onces de carvi.

77. *Huile de Jupiter.*

Prenez 2 onces de fenouil , 2 onces de cannelle , 2 onces de cacao , 1 once d'iris.

78. *Huile d'anis des Indes.*

Prenez 6 onces de badiane , 1 once cannelle de Ceylan.

79. *Extrait d'Absinthe suisse.*

Prenez 7 litres d'esprit de vin à 33 degrés , mélangez un flacon d'extrait d'absinthe , ajoutez deux litres d'eau et la couleur olive.

80. Nota. *L'extrait d'Absinthe ordinaire.*

On met moitié esprit et moitié eau , ce qui la réduit à 18 degrés.

81. *Kirschwasser.*

Un flacon d'extrait de kirschwasser mélangé dans 6 litres d'esprit-de-vin ; après l'on fait bouillir 5 litres d'eau avec un gros de fleurs de sureau et 2 gros de bois de réglisse ; après qu'il est froid , on le passe au travers d'un linge et on le mélange avec l'esprit.

82. *Recette pour fabriquer l'eau-de-vie de Cognac.*

Prenez 55 litres d'esprit-de-vin de Montpellier à 33 degrés , mettez dedans 5 onces essence de Cognac , mélangez ; après ajoutez 35 litres d'eau mélangée ; ensuite prenez 10 litres d'eau , mettez-les dans un bassin ou chaudron avec 4 onces de fleurs de tilleul , 4 onces de thé noir , 1 once de bois de réglisse ; faites bouillir le tout dix minutes, filtrez au travers d'un linge et mélangez avec le Cognac ; ajoutez du sucre brûlé pour la colorer.

83. *Recette pour préparer la couleur rose.*

Prenez un gros de cochenille bien pilée, mettez-le dans une tasse à café ; faites bouillir environ une tasse d'eau dans laquelle vous mettrez une cuiller à bouche de cendre de bois ; mettez sur la tasse dans laquelle se trouve la cochenille le coin d'une serviette, et versez cette eau toute bouillante, puis remuez bien avec la cuiller à café. Cette préparation suffit pour colorer dix litres de liqueur.

84. *Recette pour préparer la couleur jaune.*

Prenez un demi-gros de safran, mettez-le dans une tasse à café et versez par-dessus de l'eau bouillante deux heures au moins avant de vous en servir. Avec cette teinture vous colorez la liqueur à volonté.

85. *Couleur verte.*

Prenez des tablettes de bleu cannelé ou des boules de bleu pilé, faites-les fondre dans l'eau bouillante, après colorez à volonté la liqueur d'un beau bleu de ciel, et pour la rendre verte, ajoutez-y de la teinture de safran. Pour la rendre olive, ajoutez du sucre brûlé.

86. *Couleur olive.*

Une tablette de bleu et du sucre brûlé à volonté.

RÈGLE GÉNÉRALE.

87. *Pour les glaces à la crème.*

Prenez 3 livres du meilleur lait, le jaune de 8 œufs et 12 onces de sucre ; on fait cuire sur un feu doux de la manière habituelle, avec les aromates que l'on trouve dans les recettes suivantes, selon la qualité que l'on désire faire.

88. *Crème au chocolat.*

Prenez 6 onces de chocolat superfin râpé dans la crème.

89. *Crème à la vanille.*

Prenez un gros de vanille première qualité.

90. *Crème au café.*

Prenez 6 onces de café grillé ; on le met entier dans la crème.

91. *Crème aux amandes grillées.*

Prenez 4 onces d'amandes amères coupées en 4 et grillées comme l'on fait griller le café.

92. *Crème aux pistaches.*

Prenez 4 onces de pistaches, on les fait blanchir dans l'eau chaude, puis on les pèle et on les coupe en quatre.

93. *Crème à la fleur d'oranger.*

Prenez 4 onces de fleurs d'oranger confites, bien pilées avec le sucre.

94. *Crème au cédrat.*

Prenez la râpure de 4 cédrats.

95. *Crème à la cannelle.*

Prenez 4 gros cannelle de Ceylan.

RÈGLE GÉNÉRALE

Pour les glaces aux fruits.

Prenez deux livres de sirop bien cuit, 1 livre d'eau et les parfums indiqués dans les recettes suivantes.

96. *Glace aux fraises.*

Prenez le jus de 2 livres de fraises et de 3 citrons.

97. *Glace au citron.*

Prenez le jus de 12 citrons.

98. *Glace aux framboises.*

Prenez le jus de 2 livres de framboises et de 3 citrons.

99. *Glace aux pêches.*

Prenez le jus de 2 livres de pêches et de 3 citrons.

100. *Glace aux abricots.*

Prenez le jus de 2 livres d'abricots et de 3 citrons.

101. *Glace à la rose.*

Prenez 1 livre d'eau de rose , le jus de 6 citrons et la couleur rose.

102. *Glace à la fleur d'oranger.*

Prenez 6 onces d'eau de fleurs d'oranger et le jus de 6 citrons.

103. *Glace à la cannelle.*

Prenez 6 onces d'eau de cannelle de Ceylan et le jus de 6 citrons.

104. *Glace aux oranges.*

Prenez le jus de 10 oranges.

105. *Glace au Marasquin.*

Prenez 2 gros d'extrait de Marasquin et le jus de 4 citrons.

106. *Eau de fleur d'oranger.*

Prenez 1 gros de néroli surfin ; on le met dans un verre avec de la magnésie , on en fait une pâte dure , après on la délaie dans 6 bouteilles d'eau , et on filtre.

107. *Eau de rose.*

Un gros d'essence de rose pour 12 bouteilles d'eau préparée comme la recette ci-dessus.

108. *Véritable Élixir de longue vie.*

Prenez 1 litre d'esprit-de-vin à 33 degrés , 2 litres d'eau-de-vie à 22 degrés, 2 onces d'aloès succotrin, 2 gros de zéodoria , 2 gros de gentiane , 4 gros de rhubarbe , 2 gros azérique blanc , 1 once de thériaque de Venise , 4 gros de safran , le tout ensemble infusé pendant huit jours, et après passez au filtre.

109. *Eau de Cologne.*

Prenez 2 litres d'esprit-de-vin à 33 degrés, 2 onces d'essence de bergamotte , 1 once d'essence de citron , 2 gros d'essence de néroli , 4 gros d'essence de girofle , 3 gros d'essence de lavande , 2 gros d'essence de romarin , le tout bien mélangé , et passez au filtre.

110. *Recette pour fabriquer du vin de Malaga.*

Prenez 9 bouteilles de vin blanc , 1 bouteille de vin rouge , 8 onces de raisin sec de Malaga bien pilé , 2 livres de sucre , 5 gouttes de goudron liquide , 1 gros de cachou pilé. On fait bouillir le tout une minute, on le retire du feu et on le laisse refroidir , après quoi l'on y ajoute 12 onces de rhum ; on le met dans un baril et on le laisse reposer 15 jours ; après on le met en bouteilles.

111. *Vin de Lacryma-Christi.*

Prenez 25 livres de bon vin rouge , demi-livre de

corinthe, 2 livres de sucre, 2 onces de fleur de pavot, 4 gros de safranum, 1 gros de cachou ; on fait bouillir le tout une seule minute ; après qu'il est froid, l'on y ajoute 20 onces d'esprit-de-vin et on le filtre.

112. *Vin muscat de Frontignan.*

Prenez 16 bouteilles de vin blanc ordinaire, un kilogramme de sucre, demi-kilogramme de raisin muscat sec, un gros de noix muscade râpée, un gros de fleurs de sureau, le tout bien délayé et infusé : huit jours après on y ajoute demi-litre d'esprit-de-vin, et on filtre.

113. *Vin de Madère.*

Prenez 16 bouteilles de vin blanc, 2 livres de sucre, 2 livres de figues sèches pilées, 2 onces de fleurs de tilleul, 1 gros de rhubarbe orientale, 1 grain d'aloès succotrin ; faites bouillir le tout pendant une minute, et après filtrez ; ajoutez ensuite 1 litre et demi d'esprit-de-vin.

114. *Vin de Champagne mousseux.*

Prenez 16 bouteilles de vin blanc très-blanc, 3 livres de sucre en pain, 1 gros de semence de céleri pilé, 2 onces de bi - carbonate de soude, 2 onces d'acide tartarique ; après que le tout est bien fondu, on y ajoute 12 onces d'esprit de vin, on filtre et on met en bouteilles.

115. *Vin de Tokai.*

Prenez 9 bouteilles de vin blanc, 1 bouteille de vin rouge, 8 onces de raisin sec de Smyrne, 2 onces de miel rosat, 1 once de fleurs de cartame, 1 gros de réglisse noire, 2 livres de sucre ; faites bouillir le tout une minute ; après qu'il est froid, l'on y ajoute 10 onces d'esprit de vin et on le laisse reposer 8 à 15 jours dans un baril.

116. *Vin Santo de Toscane.*

Prenez 10 bouteilles de vin blanc , 10 onces de raisin de Corinthe bien pilé , 4 onces de raisin muscat sec pilé , 4 onces de fleurs de cartame , 1 gros de fleurs de sureau , 2 gros de réglisse noire , 3 livres de sucre candi ; faites bouillir le tout une minute ; après que ce mélange est froid, ajoutez-y 20 onces d'eau-de-vie de Cognac, mettez-le dans un baril et laissez-le reposer 8 à 15 jours.

117. *Vin du cap de Bonne-Espérance.*

Prenez 10 bouteilles de bon vin de Bordeaux , 6 onces de sucre candi , 8 onces de lait de vache bouillant, 6 onces de rhum de la Jamaïque , 2 gros essence de Médoc , 10 onces de crème d'ananas en liqueur ; mélangez bien le tout et laissez-le reposer 8 à 15 jours dans un baril , après vous le tirez au clair.

118. *Vin de Porto.*

Prenez 10 bouteilles de bon vin rouge , 2 gros d'essence de Médoc , 4 onces d'huile de vanille en liqueur , 6 onces d'eau-de-vie de Cognac, 6 onces de lait de vache bouillant , 2 onces de liqueur de rose ; mettez le tout dans un baril , laissez-le reposer 8 à 15 jours, après on le met en bouteilles.

119. *Vin d'Ovietto de la Romagne.*

Prenez 10 bouteilles de bon vin blanc , 2 livres de sucre , 10 onces de miel blanc, 2 gros de fleur de mélisse , 1 once d'acide tartarique pilé , 1 once de bi-carbonate de soude ; mélangez bien le tout , mettez-le dans un baril, laissez-le reposer 8 à 15 jours , après tirez-le au clair et mettez-le en bouteilles.

120. *Vin de Chypre.*

Prenez 7 bouteilles de vin blanc , 3 bouteilles de vin rouge , 8 onces de lait de vache bouillant , 10 onces de miel commun , 2 onces de fleurs de cartame , 6 onces de liqueur de Marasquin , 4 onces d'esprit de vin ; on mélange bien le tout et on le laisse 10 à 15 jours dans un baril , après on le tire au clair et on le met en bouteilles.

121. *Vin d'Alicante.*

Prenez 10 bouteilles de vin blanc , 10 onces de sucre candi commun , 6 onces de miel , 2 gros de réglisse noire , 15 onces de liqueur de Vespétro ; mélangez bien le tout , laissez-le reposer 8 à 15 jours dans un baril , après vous le mettez en bouteilles.

122. *Recette pour fabriquer la limonade gazeuse.*

Prenez 10 bouteilles d'eau , 3 livres de sucre en pain , le jus et la râpure de 10 citrons, 2 onces d'acide tartarique pilé , 2 onces de bi-carbonate de soude pilé ; mélangez le tout , filtrez-le et mettez-le en bouteilles.

123. *Limonade gazeuse préparée à la minute.*

Prenez une bouteille contenant un demi-litre , mettez dedans 3/4 de gros d'acide tartarique pilé , 2 onces de sucre pilé , versez par-dessus de l'eau pour remplir la bouteille légèrement, après ajoutez un gros et un 1/4 de bi-carbonate de soude ; bouchez promptement la bouteille , ficelez le bouchon ; remuez bien la bouteille , après vous pouvez la servir.

N. B. Versez sur les 2 onces de sucre une goutte d'essence de citron.

124. *Recette pour fabriquer l'eau minérale.*

Mettez dans une bouteille contenant une livre d'eau,
1 gros d'acide tartarique pilé ; remplissez la bouteille
d'eau le plus légèrement possible ; après ajoutez un gros
et demi de bi-carbonate de soude pilé ; bouchez la bouteille promptement, ficelez le bouchon ; après mélangez
ou agitez bien la bouteille.

125. *Recette pour fabriquer le cidre sans pommes.*

Mettez dans un tonneau contenant 100 litres, 10
livres de cassonade la plus commune, 1 once de réglisse
noire, 2 onces de fleurs de sureau.

Faites bouillir 15 litres d'eau avec 4 livres de son fin
de boulanger : après que cela a bouilli 5 minutes, passez
au travers d'un tamis fin, mettez cette eau bouillante
dans le tonneau, faites bien fondre la matière, ajoutez
2 litres de vinaigre ; après achevez de remplir le tonneau
d'eau, mélangez bien ; après retirez du tonneau 2 litres
de liquide dans lequel vous faites dissoudre une livre de
levain de bière ; après vous le mettez dans le tonneau ;
laissez fermenter 3 à 4 jours, après vous tirez au clair et
le mettez en bouteilles.

126. *Sirop de Punch.*

Prenez 12 livres de sucre en pain, le jus de 30
citrons et la râpure de 6, 3 litres d'eau, faites-le bouillir 25 minutes ; après qu'il est froid, l'on y ajoute 6
litres de rhum à 27 degrés.

127. *Vin de Bischof.*

Prenez 10 bouteilles de bon vin de Bordeaux, 5
livres de sucre en pain, le jus de 10 oranges, 1 once de
cannelle de Ceylan, 1 gros de macis, un demi-gros de

noix muscade râpée , un demi-gros de clous de girofle ;
faites bouillir le tout une minute ; après passez-le à un
tamis de soie ; quand il est froid on le met en bouteilles.

RÈGLE GÉNÉRALE

Pour fabriquer les sirops.

Prenez 15 livres de sucre et 4 litres d'eau , faites
bouillir 5 minutes avec les ingrédients indiqués dans
les recettes suivantes selon la qualité que l'on désire
faire.

128. *Sirop d'Orgeat.*

Ajoutez à la règle générale le lait de 3 livres d'a-
mandes.

129. *Sirop de Gomme.*

Faites infusez 24 heures d'avance une livre de gomme
dans un litre d'eau tiède.

130. *Sirop de Capillaire.*

Deux onces d'herbe de capillaire du Canada.

131. *Sirop de Groseilles.*

Ajoutez à la règle générale le jus de 3 livres de gro-
seilles.

132. *Sirop de Limons.*

Ajoutez le jus de 40 citrons.

133. *Sirop de Framboises.*

Ajoutez à la règle le jus de 3 livres de framboises.

134. *Recette pour fabriquer le lait d'Amandes.*

Prenez 2 livres d'amandes douces, 1 livre d'amandes amères ; on met le tout dans l'eau bouillante 5 minutes, on le retire et on le met dans l'eau froide 15 minutes, après on les retire de l'eau, on les pèle, puis on les pile dans un mortier de marbre, de manière à les rendre aussi pâteuses que le beurre, et l'on ajoute jusqu'à la quantité de 2 litres d'eau, ensuite on les presse pour en recevoir le lait.

Poitiers. — Imp. de F.-A. Saurin.

L'auteur de cet ouvrage garantit une réussite parfaite aux personnes qui voudront en faire usage, et voici le prix auquel reviendront les articles principaux tout fabriqués.

Liqueur garantie tout ce qu'il y a de superfin.	1 fr. 50 c.	le litre.
Liqueur fine.	1 20	id.
Liqueur demi-fine.	» 90	id.
Liqueur commune, meilleure qualité que celle du commerce.	55	id.
Extrait d'absinthe suisse, à 27 degrés.	» 90	id.
Kirch-Wasser. à 22 degrés.	» 70	id.
Eau-de-vie de Cognac . à 21 degrés.	» 60	id.
Eau de fleurs d'oranger.	» 20	la bouteille.
Limonade gazeuse.	» 15	le demi-litre.
Eau minérale.	» 5	le litre.
Bière d'une très-bonne qualité (recette particulière).	» 10	id.
Douze qualités différentes de vin de dessert, de.	60 à 75 c.	la bouteille.
Sirops d'orgeat, de gomme, de groseilles et autres.	1 25	id.

Cet ouvrage contient 130 recettes des plus utiles pour la consommation. L'auteur donne des leçons gratuites et à domicile.

Cinq cents francs de récompense à quiconque voudra lui présenter quatre qualités de liqueur supérieure à celle que l'on peut fabriquer d'après ce procédé.